Sitzungsberichte
der Akademie der Wissenschaften
der DDR
Mathematik – Naturwissenschaften – Technik

3 N

1988

Samuel Mitja Rapoport

Moderne Biowissenschaften und Gesellschaft

AKADEMIE-VERLAG BERLIN

Sitzungsberichte
der Akademie der Wissenschaften
der DDR
Mathematik–Naturwissenschaften–Technik

Jahrgang 1988 · 3 N

Samuel Mitja Rapoport

Moderne Biowissenschaften und Gesellschaft

AKADEMIE-VERLAG BERLIN
1988

Vortrag von Samuel Mitja Rapoport,
Ordentliches Mitglied der Akademie der
Wissenschaften der DDR, gehalten am
12. November 1987 vor dem Plenum der
Akademie der Wissenschaften der DDR

Herausgegeben im Auftrage
des Präsidenten der Akademie
der Wissenschaften der DDR
von Vizepräsident Prof. Dr. Heinz Stiller

ISBN 3-05-500517-1
ISSN 0138-3965

Erschienen im Akademie-Verlag Berlin, Leipziger Str. 3–4, DDR-1086 Berlin

Lizenznummer: 202 · 100/366/88
Printed in the German Democratic Republic
Gesamtherstellung: VEB Druckhaus Köthen
LSV 1305
Bestellnummer: 763 9004 (2010/88/3/N)
00300

Jedem unbefangenen Zeitgenossen wird es heute auf verschiedene Weise nahegebracht, daß die Biowissenschaften sich in einer stürmischen Entwicklung befinden und daß ihre Ergebnisse große Bedeutung besitzen. Diese Bedeutung umfaßt die verschiedensten Lebensbereiche, die von der Gesundheit des Menschen, über die Land- und Forstwirtschaft, den Fischfang und die Fischzucht bis zu einer Vielfalt von industriellen Produktionen reicht.

Die Biotechnologie hat Anerkennung als Schlüsseltechnologie gefunden und ist mit diesem Anspruch in den Beschlüssen des XI. Parteitages verankert.

In meinem Vortrag will ich vorwiegend drei Aspekte behandeln:

1. In Stichworten die Entwicklung und Perspektiven der biologischen Forschung und ihre möglichen Auswirkungen auf die Produktion.
2. Methodologische Probleme und
3. die Rückwirkung biologischer Erkenntnisse auf Verhalten und Denken der Menschen.

Wir können davon augehen, daß die Menschheit bis zur industriellen Revolution für alle ihre Bedürfnisse von der biologischen Produktion abhängig war. Dies betraf die Ernährung, ebenso wie die Kleidung, die Versorgung mit Wärme und nutzbarer Bewegungsenergie für Transporte. Mit der industriellen Revolution wurde die biologische Vergangenheit in fossiler Form zugänglich, als Brennstoff, als Quelle der Energieerzeugung und als Grundstoff für die Synthesechemie. Die Einführung des Erdöls und Erdgases brachte in dieser Hinsicht keine entscheidende Wende. Erst in den letzten Jahrzehnten steht durch die Physik eine völlig neue Quelle der Energie in Form der Kernenergie zu unserer Verfügung.

Viel dramatischer ist der Einfluß der von der Physik und Mathematik abgeleiteten Technik auf den Gebieten der Information und Kommunikation. Diese Entwicklungen bilden das Kernstück der wissenschaftlich-technischen Revolution, die sich in immer stärkerem Maße entfaltet und die Menschheit vor bisher unbewältigte Probleme stellt.

In den letzten Jahren erleben wir aber auch den Beginn einer neuen Phase der Orientierung auf die Biologie. Sie ist verbunden mit der konkreten Erkenntnis, daß der Mensch Bestandteil der Biosphäre ist und daß seine Zukunft untrennbar mit seiner Umwelt verknüpft ist.

Biologische Forschung und die Produktionssphäre

Bei meinen Ausführungen über die Auswirkungen der biologischen Forschung auf die Produktionssphäre werde ich eine Zweiteilung vornehmen, die darauf beruht, daß dabei 2 Hauptwege zu erkennen sind:

Zum einen dient uns die Natur als Vorbild und ihre Erkenntnis führt zu Prinziplösungen, auf deren Grundlage nicht-biologische Verfahren und Produkte entstehen, welche die natürlichen in Produktivität oder Eigenschaften übertreffen. Der andere Weg ist die innere Entwicklung der Biowissenschaften, der zu vertiefter Nutzung des Spektrums biologischer Wechselwirkungen innerhalb und zwischen lebenden Systemen führt. Ich möchte den Aspekt Natur als Vorbild und Modell an zwei Beispielen erläutern:

Die Erforschung der Strukturen von natürlichen Polymeren, insbesondere Zellulose, Seide und Gummi war lange Jahre ein Gegenstand theoretischer und experimenteller Bemühungen im Rahmen der Biologie und Naturstoffchemie. Die gewonnenen Erkenntnisse wurden zur Grundlage der modernen Industrie der Produktion von Plasten und Elasten, die in ihrem chemischen Aufbau von den Naturstoffen völlig abweichen, deren Eigenschaften aber in dieser oder jener Hinsicht die des Naturstoffs übertreffen. Ein analoges Beispiel aus dem Gebiet der Arzneimittelforschung kennzeichnet den Weg von der empirisch gefundenen fiebersenkenden und schmerzlindernden Wirkung des Weidenextrakts zur Isolierung der Salicylsäure, die dann als Modell für eine große Palette synthetischer Arzneimittel gedient hat.

Innerhalb der biologischen Systeme ist es eine aktuelle Aufgabe, die Wechselbeziehungen innerhalb der Natur auf umfassende Weise zu nutzen. Ich erinnere an die Entwicklung der Antibiotika, die ihre Grundlage in der biologischen Erkenntnis hatte, daß Organismen sich durch Abwehrstoffe ihren Lebensraum sichern. Noch heute hat sich diese Orientierung als ungemein fruchtbar erwiesen. Nach Penizillin wurden viele Klassen von antibiotisch-wirksamen niedermolekularen Stoffgruppen in natürlichen Quellen durch unablässiges Durchsuchen von mikrobiellen Populationen gefunden. Die Applikation solcher Antibiotika ist verantwortlich für die drastische Verminderung von Todesfällen durch Infektionskrankheiten ebenso wie für große Fortschritte in der Tierproduktion und im Pflanzenschutz.

Der neue Weg, der sich abzeichnet, besteht darin, mit Hilfe genetischer Manipulationen Gene, die für solche Antibiotika kodieren, in das Genom der zu schützenden Zelle einzuführen, so daß die Resistenz zur innewohnenden Eigenschaft der Zelle wird. Die praktsiche Anwendung ist offensichtlich. Gelingt es, Nutztieren und insbesondere Nutzpflanzen die Fähigkeit zu verleihen, gegen ihre natürlichen Feinde – mögen es Mikroben, Pilze, Würmer oder Insekten sein – Abwehrstoffe selbst zu erzeugen, so wäre ein großer Teil der heute verwendeten Pflanzenschutzmittel überflüssig. Eine solche Entwicklung würde nicht nur viele Arbeitsgänge und kostspielige Produkte sparen, damit wäre auch eine dramatische Senkung der Umweltschädigung erreicht.

Eine andere Perspektive ergibt sich aus der möglichen Ausnutzung von Symbiosen. Bekanntlich besteht eine solche Beziehung zwischen Hülsenfrüchten und den in ihren Wurzeln enthaltenen Knöllchenbakterien. Diese Bakterien haben die Fähigkeit, atmosphärischen Stickstoff in eine Form überzuführen, die von der Wirtspflanze genutzt werden kann. Diese Fähigkeit wird als Stickstoff-Fixierung bezeichnet.

Die potentielle wirtschaftliche Bedeutung der Beziehung zwischen Bakterien und Wirtspflanze besteht in der Aussicht, auf diese Weise Stickstoffdünger einzusparen oder ganz auf ihn verzichten zu können. Jedoch hat diese Möglichkeit ihre Grenzen. Die Bakterien fixieren Stickstoff nur unter Bedingungen der Unterversorgung. Bei Intensivdüngung stellen sie ihre Aktivität ein. Das entsprechende Enzymsystem, die Nitrogenase, ist reprimiert, d. h. die Expression des Gens für diesen Enzymkomplex wird unterdrückt. Gelänge es, diesen Riegel durch genetische oder andere Verfahren zu beseitigen, so wäre dies ein großer Erfolg. An diesem Beispiel läßt sich aber auch der zweite Weg, die Natur als Modell, aufzeigen. Gelänge eine Prinziplösung, d. h. die Aufklärung des Mechanismus, wie es zur Stickstoff-Fixierung kommt, dann erscheint es denkbar, analog der Entwicklung der makromolekularen Chemie, mit Hilfe von Katalysatoren Stickstoff-Fixierung in industriellem Maßstab durchzuführen.

Ich wende mich nun einigen ausgewählten Entwicklungen zu und beginne mit der Genetik.

Perspektiven der Gentechnik

Eine wahre Revolution der biologischen Wissenschaft wurde durch die Erkenntnis der DNA als materielle Grundlage der Vererbung herbeigeführt. Der Weg zur Manipulierung der Gene ist in erster Linie gekennzeichnet durch die Verbindung von Biophysik, Enzymologie, Genetik und Zellbiologie. Die so entstandene Gentechnik ist das leistungsfähigste Verfahren zur Analyse, Abänderung und Herstellung lebender Systeme und ihrer Produkte, das uns in mancher Weise über die Grenzen des von der Natur vorgegebenen Rahmens hinausführt. Dennoch wäre es leichtfertig, das durch Milliarden Jahre in der Evolution bewährte ungeheure Reservoir nicht als Modell für unsere Orientierung zu betrachten, auch wenn wir noch nicht die Mechanismen der Evolution verstehen. Zwar bleiben noch viele Einzelprobleme der genetischen Manipulation ungeklärt, jedoch hat diese Methodik ihre Erprobungsphase überstanden und ist dabei, sich als industrielles Verfahren durchzusetzen. Über die Möglichkeiten und Perspektiven des genetischen Ingenierwesens ist schon viel geschrieben worden. Die Anwendungen umfassen die Diagnostik im weitesten Sinne einschließlich der Identifizierung jedes Einzelindividuums, der Erkennung von Abweichungen mit Krankheitswert bis zur Biosynthese von Eiweißen mit verschiedenen biologischen Eigenschaften, seien es Hormonwirkungen, Abwehrstoffe, Wachstumsfaktoren und Enzyme für Medizin, Lebensmittelproduktion oder andere industrielle Zwecke. Wir befinden uns an der Schwelle der Therapie von somatischen Genen. Nach wie vor gilt aber: Hände weg von der Keimbahn des Menschen!

Mit Hilfe der Methoden des genetischen Ingenieurwesens ist die Bildung neuer Arten von Organismen denkbar, die wünschenswerte Eigenschaften vereinen.

Die bisherigen über 15jährigen Erfahrungen mit der Gentechnik haben die anfänglichen Ängste vor den Gefahren dieser Technologie nicht bestätigt. Gegenwärtig stehen wir vor einer neuen Phase der Anwendungen. Es geht um die Feldtestung von im Labor erzeugten genetisch durch DNA-Rekombination stark veränderten Organismen. Wiederum gilt es, sich vorsichtig vorzutasten und die möglichen Risiken, die bei einer breiten Anwendung auftreten könnten, so genau wie möglich unter Einsatz empfindlicher Methoden zu bewerten. Die bisherigen Erkenntnisse sprechen nicht dafür, daß das Risiko, welches mit der Anwendung von neuartigen rekombinierten Mikroben verknüpft ist, größer sei als jenes, mit welchem man bei konventionell selektierten Organismen rechnen muß. Die weitere Erfahrung muß uns lehren, wie weit und wie schnell man vordringen kann.

Die Zukunft der Proteintechnik

Eine neue Entwicklung vollzieht sich auf der Ebene der Eiweiße. Hier geht es darum, durch Kombination verschiedener Techniken, einschließlich der DNA-Technologie, aber auch verschiedener chemischer und physikalischer Verfahren Proteine abzuwandeln. Die Voraussetzung ist das tiefe Verständnis der Struktur der Eiweiße, die um vieles komplizierter und vielfältiger ist als die der Nukleinsäuren. Bei der Erforschung dieser Strukturen spielen Verfahren der Röntgendiffraktion, der Kernspinresonanz und Computergraphik eine entscheidende Rolle.

Das unmittelbare Ziel der Forschungen auf diesem Gebiet besteht darin, Strukturen und Eigenschaften von Eiweißen vorauszusagen und abzuwandeln und womöglich günstige Eigenschaften hervorzurufen. Solche Ziele umfassen u. a. die Erhöhung der Thermostabilität von Enzymen, Veränderung ihrer Spezifität im gewünschten Sinne, die Entwicklung von Wirkstoffen, die selektiv einzelne Enzyme beeinflussen und natürlich ein theoretisches Verständnis der Prinzipien der Katalyse. Das Fernziel ist offensichtlich die Nutzung der möglicherweise erreichbaren Prinziplösung, um eine neue Klasse von Katalysatoren zu schaffen, die in ihrer Spezifität und Effektivität die gegenwärtig industriell genutzten Katalysatoren in Größenordnungen übertreffen.

Bei der Herausbildung der Strukturen von Eiweißen kommt es zu einer spezifischen Faltung der Peptidketten und der Herausbildung von Domänen, d. h. Bereichen in spezifischer Anordnung und besonderen funktionellen Eigenschaften. Bei diesen Vorgängen und Wechselwirkungen spielen sowohl Nah- als auch Fern-Effekte eine noch weitgehend ungeklärte Rolle. An kritischen Orten sind winzige Abstandsänderungen von einem Hundertstel Nanometer, d. h. einem kleinen Bruchteil des üblichen Abstands von Atomen, sehr wichtig. Vorerst fehlen uns noch die Methoden und das theoretische Verständnis für diese Dimensionen.

Entsprechend groß sind auch die Schwierigkeiten vom thermodynamischen Standpunkt aus, handelt es sich doch um geringe Energiedifferenzen, die von Bedeutung sind. Gegenwärtig ist eine große Aktivität auf dem Gebiet des Proteiningenieurwesens festzustellen, die überwiegend phänomenologischen und halbempirischen Charakter hat. Es ist zu hoffen, daß bei dem eingeschlagenen Tempo in relativ kurzer Zeit genügend empirisches Material zur Testung von Hypothesen vorliegen wird.

Biologische Zugänge zum Energieproblem

Ein grundlegendes Problem der Zukunft der Menschheit ist die Energieerzeugung und- verwertung. Ein langgehegter Traum ist es, die Sonnenenergie zu diesem Zweck zu nutzen. Mit Neid blicken wir auf die Pflanzenwelt, die in hocheffektiver Weise die Energie des Sonnenlichts in doppelter Weise nutzt: Zur Spaltung des Wassers und zur Assimilation des Kohlendioxyds. Dabei entsteht molekularer Sauerstoff und organische Substanz. Gleichzeitig nutzt die Pflanzenzelle wie jedes andere lebende System den molekularen Sauerstoff und organische Substrate zur Gewinnung von Energie, die wiederum zum Aufbau der verschiedensten Zellbestandteile dient.

Diese Energie stammt letztendlich aus der sogenannten Knallgasreaktion, d. h. der Verbindung von Wasserstoff und Sauerstoff unter Freisetzung der großen Energie, die ursprünglich erforderlich war, um das Wasser zu spalten. Die zwei Vorgänge, photolytische Spaltung von Wasser unter Bildung von molekularem Sauerstoff und die Knallgasreaktion, sind in der Zelle räumlich getrennt und jeweils in einer besonderen Struktur, dem Chloroplasten einerseits und dem Mitochondrium andererseits, lokalisiert. Bei beiden Vorgängen – Bildung und Nutzung des Sauerstoffs – entstehen aggressive Radikale und Zwischenstufen des Sauerstoffs.

Wie bringt die Zelle es fertig, die gegen Radikale und Oxidationsmittel so empfindlichen Zellstrukturen vor der Zerstörung bei diesen Vorgänger zu schützen? Die gegenwärtigen vertieften Kenntnisse weisen darauf hin, daß der entscheidende Faktor die Eiweiße sind, welche die Umgebung der katalytischen Wirkorte bilden; dort wird die Entstehung von aggressiven Radikalen und Zwischenstufen des Sauerstoffs durch eine Delokalisierung von Elektronen vermieden. Wir wissen soviel, daß der letzte entscheidende Schritt der Photolyse, die Ausbildung der Bindung zwischen zwei Sauerstoffatomen an einem Metallatom, dem Mangan, stattfindet und daß auch für diese Reaktion die Eiweißumgebung entscheidend ist. Das Gegenstück zur Spaltung des Wassers, die Knallgasreaktion, erfolgt ebenfalls stufenweise und gedämpft, und auch dabei spielt die Vermeidung der Schädigung durch Radikale und Zwischenstufen der Reduktion des Sauerstoffs eine entscheidende Rolle. Wiederum sind Metalle beteiligt, Eisen und Kupfer. Gelänge es uns, das Prinzip der photolytischen Spaltung de Wassers ebeno wie das der stufenweisen Knallgasreaktion zu beherrschen, so wäre damit in der Tat eine neue Epoche der Energiewirtschaft der Menschheit gekommen.

Mensch und Mikrobenwelt

Ein weiteres Gebiet, das ich streifen will, betrifft die Auseinandersetzung von Mensch und Mikrobenwelt im weitesten Sinne, d. h. nicht nur Bakterien, sondern auch Viren und Parasiten.

Es sind nur wenig mehr als 100 Jahre her, daß die Mikroben als Erreger von Krankheiten entdeckt wurden und daß über die Phasen der Antisepsis, Asepsis, der Impfungen und der Anwendung von Chemotherapeutika und Antibiotika die Infektionskrankheiten ihre dominierende Rolle als Todesursachen einbüßten. Ähnliche Fortschritte wurden in der Bekämpfung der Krankheiten von Nutztieren und Pflanzen erzielt. Eine entscheidende Rolle spielte dabei auch die Verbesserung der Hygiene, wodurch die Vorbedingungen für Infektionen eingeschränkt wurden. So groß die Fortschritte auch waren, so besteht kein Grund, sich in Sicherheit zu wiegen und anzunehmen, daß der günstige Zustand stabil bleibt. Man braucht nur an drei Tatsachen zu erinnern:

1. unsere bisher vergeblichen Bemühungen, dem Erreger des gewöhnlichen Schnupfens beizukommen,
2. die Neuentstehung von Krankheiten, dramatisiert durch die Weltepidemie AIDS und
3. die immer neu auftretenden Resistenzen von Erregern gegen Mittel, die ursprünglich wirksam waren.

Zwischen diesen drei – dem Anschein nach so unterschiedlichen Phänomenen – besteht ein innerer Zusammenhang. Sie alle sind Ausdruck der Variabilität und Plastizität der Natur, die ständig in Anpassung an die Umstände neue Arten und Abarten schafft und keine Statik kennt. Jede erworbene Position der Menschheit im Wechselspiel der Natur muß ständig aufs neue wieder errungen werden. So kann man mit Fug und Recht voraussagen, daß der Kampf gegen Infektionskrankheiten eine niemals erledigte Aufgabe bleiben wird.
Mit den neuen Methoden der Molekularbiologie, d. h. Gentechnik und Proteindesign, sind wir immer besser in der Lage, neue Impf- und Wirkstoffe nach Maß zu entwickeln, auch für bisher widerspenstige Organismen, wie Malariaparasiten und Trypanosomen, die noch heute Geißeln der Menschheit sind.

Probleme der Gehirnforschung

Das schwierigste Objekt für die biologische Forschung ist zweifellos aus verschiedenen Gründen das Gehirn. Probleme bereiten uns die große Vielfalt der Zellelemente ebenso wie die Vielzahl der Wechselbeziehungen und der Gegensatz von Schnelligkeit und Dauer der Funktionen. Während die Zeitdauer einer Erregung eines Nerven in Bruchteilen von msec gemessen wird, können Prägungen und Gedächtnisleistungen über viele Jahrzehnte andauern. Zahl und Vielfalt der Wechselwirkungen, die noch längst nicht alle bekannt sind, sind überwältigend. Noch größere Schwierigkeiten als diese Komplexität bereitet die Erforschung des Zusammenhangs zwischen biologischen und psychischen Funktionen, sowohl in konzeptioneller als auch in methodischer Hinsicht. Unsere gegenwärtigen Methoden sind noch sehr grobschlächtig und die Konzepte unscharf.

Wir sind also z. Z. erst am Anfang, und schnelle Lösungen sind nicht zu erwarten, auch wenn bemerkenswerte Fortschritte vorliegen. Zu ihnen gehören die Erkennung, Isolierung und mögliche Nutzung des Nervenwachstumsfaktors, die Auffindung verschiedener Peptide als Nervenzellhormone und die Entwicklung der Psychopharmaka. Kennzeichnend für die vertiefte Anwendung der Dialektik auf diesem Gebiet sind die modernen Entwicklungen, die aus der schon lange bekannten Wirkung von Opium, Morphium und verwandter Substanzen herrühren. Diese Stoffe sind pflanzlicher Herkunft. Ihre Wirkung auf den Menschen setzt voraus, daß die für das Schmerzgefühl verantwortlichen Nervenzellen in spezifischer Weise mit den Opiaten in Wechselwirkung treten – dies erfolgt an der Zelloberfläche durch sog. Rezeptoren. Die charakteristischen Eigenschaften von Rezeptoren sind die Fähigkeit zur Bindung des Wirkstoffes ebenso wie die Transformation des auf diese Weise entstehenden Signals. Dieses wird zu den Wirkorten im Innern der Zelle durch einen sog. 2. Boten fortgeleitet. Die neueste Phase der Erforschung des Zellstoffwechsels hat unsere Kenntnisse über Aufbau und Wirkungsweise solcher Rezeptoren ausgeweitet und vertieft. Wir wissen, daß heute ein großer Teil der Wechselwirkungen mit der Umgebung der Zelle vermittels von Rezeptoren erfolgt. Einige dienen als Zwischenstation für die Wirkung von Hormonen und Wirksubstanzen, die der Information zwischen den Zellen dienen, andere haben ihre Funktion in der Aufnahme von Nährstoffen, eine weitere Gruppe dient der Aufnahme und Ausschleusung von Ionen und Metallen.

Man kann verallgemeinernd sagen, daß die Erkenntnis des Aufbaus und der Wirkungsweise von Rezeptoren erst die Voraussetzung für die Entwicklung einer neuen Stufe der Pharmazie und Pharmakologie schafft. Die bisherige Entwicklung dieser Gebiete war einseitig, es wurden nur die Wirkstoffe untersucht und abgewandelt ohne konkrete Kenntnis der mit ihnen reagierenden Partner, d. h. Rezeptoren; im wahrsten Sinne eine halbe Sache! Nun zurück zu den Opiaten: Für den Biologen ergibt sich zwangsläufig die Frage: Wie kommt es, daß die Gehirnzellen spezifische Rezeptoren für diese Pflanzenprodukte haben, mit denen sie in der biologischen Evolution niemals Kontakte haben konnten? Folgt nicht aus dieser Frage, daß die Pflanzenstoffe im Grunde Doppelgänger im Organismus haben müssen, d. h. Stoffe, die die eigentlichen endogenen Wirkstoffe darstellen?

In der Tat führte dieser Gedankengang zur Entdeckung einer ganzen Klasse von Substanzen, der Endorphine (die Wortbildung abgeleitet von Morphium), mit den Eigenschaften des Morphiums, die aber chemisch völlig verschieden sind von den pflanzlichen Produkten. Offensichtlich erkennt der Zellrezeptor nicht so sehr die chemischen Einzelheiten der Substanzen, sondern vielmehr das, was man als Gestalt bezeichnen würde, vergleichbar mit einer bestimmten Gestalt, die ein Bildhauer aus unterschiedlichstem Material, sei es Marmor, Bronze oder Holz, schaffen würde. Es zeichnet sich ab, daß Elementarfunktionen von erregbaren Zellen – sei es als Modell, sei es als direkter Bestandteil von hybriden Systemen – Anwendung in Datenerfassung und -verarbeitung finden können. Die Arbeitsweise des Gehirns dient als Leitbild für die Entwicklung neuer Generationen von Rechnern. Eine direkte Nachschöpfung des menschlichen Gehirns ist wohl kaum zu erwarten.

Zur Zukunft der Biotechnik insgesamt möchte ich folgendes sagen: So verheißungsvoll die Denkmöglichkeiten der Bioproduktion sein mögen und so offensichtlich ihre Vorzüge, so nüchtern müssen wir ihre nähere Perspektive bewerten. Gegenwärtig überwiegen bei weitem ihre medizinischen Anwendungen für die Herstellung von Diagnostika, Therapeutika und Impfstoffen, wobei sich Tendenzen der verstärkten Nutzung in Land-, Forst- und Fischwirtschaft sowie im Umweltschutz abzeichnen. Bis zur Jahrtausendwende ist kaum mit einer biotechnologischen Revolution der chemischen Produktion zu rechnen.

Methodologische Aspekte

Ich möchte kurz auf die Entwicklung von Methoden und Technologien in den Biowissenschaften eingehen. Hier erleben wir eine grundlegende Umwälzung. Die analytischen Methoden sind in ihrer Empfindlichkeit um 15 bis 18 Größenordnungen gesteigert worden, ihre Selektivität hat in einigen Fällen die theoretische Grenze, d. h. absolute Spezifität, erreicht. Der Zeitbedarf für eine Analyse ist auf Millionstel oder weniger gesunken, ähnliche Fortschritte gibt es bei präparativen Trennungen und Isolierung von Naturstoffen jeglicher Art.

Auch auf dem Gebiet der Synthesen ist die Dynamik sehr groß mit der Entwicklung von leistungsfähigen Synthesegeräten, mit deren Hilfe Polynukleotide und Peptidketten nach Maß hergestellt werden können. Diese Errungenschaften sind das Resultat der Verbindung von biologischen, physikalischen, chemischen und mathematischen Fortschritten. Die hohe Empfindlichkeit und Selektivität enzymatischer und immunologischer Reaktionen ist verknüpft mit der Nutzung von Prinzipien der physikalischen Chemie, optimierten chemischen Prozessen und hochgezüchteter Datenerfassung – verbunden mit rechnerischer Auswertung. Ein Großteil der neuen Gerätekonfiguration sind hochgradig automatisiert. Aus alledem ergibt sich, daß die Entwicklung der Methodik und Technologie der biowissenschaftlichen Forschung, aber erst recht der biotechnischen Produktion, eingebettet ist in den allgemeinen Fortschritt der Produktivkräfte und abhängig ist von dem Tempo der Durchsetzung der Schlüsseltechnologien. Ich möchte nicht verschweigen, daß viele Wissenschaftler Unbehagen empfinden, ob und wie die im rasanten Tempo zunehmende Datenfülle, die überwiegend phänomenologischen Charakter trägt, geistig zu bewältigen sei.

Wir befinden uns in einer Zwickmühle: einerseits sind wir schon gegenwärtig mit Daten überflutet, andererseits verlangt die Eigenart biologischer Systeme noch viel mehr Daten als uns heute zur Verfügung stehen. Einen einfachen Ausweg aus diesem Dilemma sehe ich noch nicht, aber es ist offensichtlich, daß neue theoretische und methodologische Ansätze erforderlich sind, um geistig und manipulativ einen höheren Grad der Integration und Verallgemeinerung zu erreichen.

In diesem Zusammenhang ist ein besonderes Problem biologischer Forschung zu nennen: Der Gegensatz zwischen linearer Kausalität und Multifaktorialität. Er entsteht aus der Komplexität lebender Systeme und der Vielfalt ihrer Beziehungen untereinander und mit der Umwelt. Der Reduktionismus, der als wissenschaftlich-analytische Methode unerläßlich ist, führt zum linear-kausalen Denken – die Vielfalt der Einflußfaktoren und Wechselwirkungen steht ihm entgegen. Alles in allem überwiegt noch bei weitem das analytische Herangehen an die Natur, wenngleich die Bemühungen um integrative Forschungen im Zunehmen sind. Hier sind zu nennen: die wachsende Fähigkeit, komplexe Vorgänge mathematisch zu beschreiben, Erfolge in der Rekonstruktion komplexer Systeme im Reagenzglas und die zunehmende Anwendung verschiedenartiger Techniken zu integrierten Aussagen.

Gestatten Sie, daß ich auf eine grundsätzliche Hürde bei der Erforschung lebender Systeme eingehe, die uns vor einem leichtfertigen Optimismus bewahren sollte. Es ist dies die Schwierigkeit der Verallgemeinerung. Die ungeheure Vielfalt biologischer Erscheinungen, die sich u. a. in der millionenfachen Zahl von Arten von Organismen ausdrückt, unterliegt zwar zweifellos allgemeinen Gesetzmäßigkeiten, bei näherer Betrachtung jedoch zeigen sich gravierende Unterschiedlichkeiten. Offensichtlich hat die Natur im Laufe der Evolution nicht nur einen, sondern verschiedenartige und für uns unerwartete Wege zur Herausbildung von angepaßten, d. h. optimierten Strukturen und Funktionen gefunden. Demgegenüber steht unsere wissenschaftliche Erfahrung mit einer sehr beschränkten Zahl von gut untersuchten lebenden Systemen. Sie lassen sich sehr schnell aufzählen: Wir verstehen viel von einem Bakterium, dem E.coli, von einer Hefezellenart und von den roten Blutzellen von Säugern. Man könnte noch einige Viren hinzuzählen.

Gehen wir auf die Stufe der Eiweiße, so ist zwar der Fortschritt in der Aufklärung der Raumstrukturen beeindruckend mit über 6 000 aufgeklärten Aminosäure-Sequenzen und einigen hundert Raumstrukturen, aber doch bescheiden, verglichen mit der biologischen Vielfalt!

Auf der Ebene der DNA eröffnet sich die Aussicht eines Durchbruchs in einer Richtung, nämlich der Bestimmung der Basensequenzen. Die Technik automatisierter Sequenzbestimmung hat solche Fortschritte gemacht, daß gegenwärtig die Reihenfolge von etwa 1 Million Basen in den DNA-Arten pro Jahr neu berichtet wird. Damit ist der Gedanke entstanden, die Sequenz der Basen des menschlichen Genoms festzustellen. Das bedeutet aber, die Sequenzbestimmung von 3 Milliarden Basen, aufgeteilt in 23 Chromosomenpaaren, in Angriff zu nehmen. Bei dem gegenwärtigen Stand der Technik würde diese Aufgabe tausende Jahre erfordern, aber es werden intensive Anstrengungen unternommen, um die Effektivität durch Entwicklungen von Automaten unter Anwendung leistungsfähiger Verfahren um mehrere Größenordnungen zu erhöhen und die Kosten zu senken. Vor- und Nachteile einer solchen Entwicklung befinden sich in der Diskussion. Zweifellos wird die Kenntnis der Sequenz eine empirische Grundlage für weitergehende Forschungen bilden können. Dem ist entgegenzuhalten, daß die isolierte Feststellung einer Basenfolge ohne Kenntnis ihrer biologischen Funktion uns wenig nützt.

Zu überlegen ist auch, daß mit dem Genom eines Menschen die Sache nicht getan ist, unterscheiden sich doch die Individien voneinander in Tausenden Basen. Ob dieser absehbar technische Durchbruch allein uns auch einen entsprechenden Fortschritt in der Verallgemeinerung bringt, ist zu bezweifeln.

Biologischer Wissenschaftsfortschritt und gesellschaftliches Denken

Ich wende mich nun dem von mir genannten 3. Hauptaspekt zu, nämlich zu jenen wissenschaftlichen Erkenntnissen, die zu Veränderungen in der Einstellung der Gesellschaft geführt haben.

Menschliche Reproduktion

Aufgrund der weitgehenden Aufklärung der Funktionsweise des reproduktiven Systems, insbesondere des weiblichen Sexualzyklus, wurde die empfängnisverhütende Pille entwickelt. Die praktische Anwendung dieser biowissenschaftlichen Errungenchaft hat größte und noch heute nicht voll übersehbare Konsequenzen auf das gesellschaftliche Bewußtsein. Diese umfassen ein weites Spektrum. Dazu gehören: Verhaltensweisen junger, aber auch älterer Menschen, Änderungen der Gesellschaftsmoral, die selbst anscheinend feststehende Normen und Dogmen von Religionen ins Wanken gebracht hat. Schließlich sei auch die demographische Relevanz der Pille betont, die in doppelter Hinsicht existiert. Die Pille spielt eine wesentliche Rolle für die in vielen Ländern Europas zu verzeichnende unzureichende oder sogar negative Bevölkerungsentwicklung, während umgekehrt sie eine wichtige Rolle zu spielen hat in der Begrenzung der Überbevölkerung in vielen Teilen der Welt.

Ernährung

Ein anderes Gebiet betrifft die Ernährungswissenschaft. Hier möchte ich zwei Phasen unterscheiden: Die 1. Phase, die vor etwa 30 Jahren im wesentlichen abgeschlossen wurdc, betraf die Aufklärung aller essentiellen Nahrungsbestandteile als da sind Aminosäuren, Vitamine und Mineralien u. a., wenngleich noch einiges zu tun bleibt, um den Bedarf an essentiellen Bestandteilen der Nahrung für verschiedene Lebensalter und unter krankhaften Bedingungen festzustellen. Mit diesen Kenntnissen wurde es möglich, Nahrungsmittel nach Maß herzustellen, die Ursachen der Mangelkrankheiten zu erkennen und sie im Prinzip zu verhüten. Gleichzeitig ist die Produktivität der Nahrungsmittelerzeugung so stark angestiegen, daß die Bevölkerung der Erde nicht nur heute, sondern auch für absehbare Zeit versorgt werden könnte. Dessen ungeachtet sind noch viele Millionen Menschen dem Hunger, dem Energie-, Eiweiß- und Kalziummangel, der unzureichenden Zufuhr von Vitaminen ausgesetzt. Diese Kluft zu überbrücken, ist eine unausweichliche Aufgabe der Menschheit, deren Lösung nicht auf die Überwindung des Imperialismus oder des kapitalistischen Systems aufgeschoben werden kann, vielmehr ist sie ein Bestandteil des neuen Denkens, der sozialen Evolution, d. h. der Verantwortung für die allgemeinen Interessen der Menschheit.

Wir befinden uns erst am Anfang der 2. Stufe der Wissenschaft von der Ernährung. Es bestehen hinreichende empirische Korrelationen, die darauf hinweisen, daß die moderne Ernährung – vor allem durch ihren Fett-, Cholesterin- und Kochsalzgehalt und ihren Mangel an ungesättigten Fettsäuren – mit der Häufigkeit von Diabetes, Hochdruck, Herzinfarkten, Krebs und anderen Erkrankungen zu tun hat. In der Tat weicht die Ernährungsweise, die sich in den letzten 100 Jahren herausgebildet hat, erheblich in ihrer Zusammensetzung von derjenigen ab, die sich in Jahrmillionen und selbst in den vergangenen 40 000 Jahren der Existenz des modernen Menschen, Homo sapiens, herausgebildet hat. Die Zeit für eine evolutionäre Anpassung ist noch viel zu kurz gewesen. In diesem Sinne leidet in allen entwickelten Staaten ein großer Teil der Menschen an Fehlernährung. Ein weiterer Aspekt ist die Häufigkeit des Übergewichts, die zum Teil durch Überkonsumtion, aber möglicherweise auch durch übereffiziente Verwertung der Nahrung zustande kommt. Offensichtlich kann die Menschheit nicht den Weg der verlustreichen genetischen Auslese gehen; vielmehr geht es darum, die wissenschaftlichen Erkenntnisse durch die Gesellschaft und jeden einzelnen in der Produktion und Konsumtion von Nahrungsmitteln umzusetzen mit dem Ziel einer lustvollen, kultivierten und wissenschaftlich begründeten Ernährungsweise.

Das Ernährungsbewußtsein ist in unterschiedlichem Maße aber dennoch weltweit gestiegen – mit deutlich erkennbaren positiven Resultaten. In einigen Ländern, u. a. USA und Japan, ist die Zahl der Herzinfarkte, aber auch anderer Krankheiten gesunken, und die Häufigkeit der Fettsucht ist zurückgegangen, was in der DDR leider noch nicht der Fall ist.

Erziehung zur richtigen Ernährung ist auch in unserem Lande zu einem Schwerpunkt der sozialistischen Lebensweise geworden. Dennoch muß festgestellt werden, daß die wissenschaftlichen Grundlagen für die Ernährung, die ein langes leistungsfähiges Leben fördert, in vieler Hinsicht noch fehlen, und daß wir uns insgesamt noch in der Anfangsphase der Erfahrungen befinden. Es wird noch Jahrzehnte brauchen, ehe wir über die langfristigen Auswirkungen von Veränderungen der Ernährung Schlußfolgerungen ziehen können. Langfristig angelegte Ernährungsstudien bleiben unabdingbarer Bestandteil jeden Fortschritts auf diesem Gebiet. Dabei ist eine wesentliche Schwierigkeit, daß die Übertragung der Ergebnisse von Tierversuchen auf den Menschen unsicher bleibt und daß die lange Lebensdauer der menschlichen Spezies uns zu über Generationen reichenden Zeiträume für solche Studien zwingt.

Insgesamt können wir aber feststellen, daß die Ernährungswissenschaft in erheblichem Maße das Denken und die Lebensweise der Menschheit beeinflußt – mit Auswirkungen auf die Grundfragen der Politik. In engem Zusammenhange damit steht eine sich verändernde Einstellung zu Genußmitteln; trotz des vielfach noch unbefriedigenden und enttäuschenden Fortschritts in der Zurückdrängung von Alkoholmißbrauch und Zigarettenkonsum ist auch hier das gesellschaftliche Bewußtsein geschärft und insgesamt ein Fortschritt zu verzeichnen, der in einigen Ländern dramatisch genannt werden kann. Auch hier hat die DDR Nachholebedarf.

Humangenetik

Ein weiteres Gebiet ist die Humangenetik. Mit der Entdeckung der Ursachen der Sichelzellenanämie wurde eine neue Seite der Medizin aufgeschlagen. Zwar war schon vorher bekannt, daß einzelne seltene Erkrankungen vererblich sind und durch den Mangel eines Körper-Eiweißes hervorgerufen werden. Hier aber wurde der Beweis geführt, daß eine Punktmutation der DNA, die zum Einbau der falschen Aminosäure in einer Position der Peptidkette des roten Blutfarbstoffs Hämoglobin, führt, Ursache einer Erkrankung ist, an der hunderte Millionen Menschen leiden. Die Sichelzellenanämie findet man vor allem in Malariagebieten, und ihr massenhaftes Auftreten ist das Resultat biologischer Selektion. Es überleben nämlich heterozygote Kinder wesentlich besser die tropische Malaria verglichen mit solchen, die normales Hämoglobin haben. Der Grund: ihre roten Blutzellen sind ein schlechterer Wirt für die Malariaparasiten als normale. Inzwischen wissen wir, daß analoge Beziehungen für andere genetische Defekte zutreffen. Stellenweise kommen andere Hämoglobine vor, im Mittelmeerraum ist es der Mangel an einem Enzym, der G6PD, in roten Blutzellen. In allen Fällen ging es für die menschliche Population um dasselbe Problem: Schutz vor dem millionenfachen Mörder Malaria. Dafür hat die Natur unterschiedliche, aber im Prinzip analoge Mechanismen entwickelt.

Inzwischen kennen wir über 4000 Erkrankungen, deren Ursachen genetischer Natur sind. Möglichkeiten der genetischen Beratung, der Diagnostik vor der Geburt und auch der Verhütung von großen Risiken, werden zur Routine und damit zum Bestandteil des Selbstverständnisses der Geschlechtspartner. Wir können mit Genugtuung fetstellen, daß auch in der DDR ein leistungsfähiges System der genetischen Diagnostik und Beratung aufgebaut wurde. Für eine Vielzahl anderer, auch häufiger Erkrankungen, wie z. B. Diabetes und Hochdruck, Arteriosklerose, liegen starke Hinweise vor, daß genetische Faktoren wichtig sind. Damit ergibt sich das Konzept von genetisch-bedingten

Risikogruppen der Bevölkerung. Nach meiner Meinung gehören dazu die Anfälligen für die Alkoholkrankheit und für suchterzeugende Drogen. Man kann voraussagen, daß in nicht allzuferner Zeit die Menschen in die Lage versetzt sein werden, die für ihre Gesundheit relevante genetische Konstitution zu kennen, ebensowie sie heute ihre Blutgruppe wissen und dementsprechend ihr Leben einrichten können. Somit werden wir von allgemeinen schematischen Empfehlungen für Lebens-, Arbeits- und Ernährungsweise zu der höheren Stufe der Individualisierung auf wissenschaftlicher Grundlage vordringen können.

Ich möchte einen Aspekt des genetischen Bewußtseins hervorheben: Erstmalig ist der Arzt nicht mehr nur auf den individuellen Patienten, dem er gegenübersteht, orientiert, vielmehr müssen er und sein Partner vergangene und zukünftige Generationen ins Blickfeld rücken.

Biologische Elemente menschlichen Verhaltens

Ein strittiges, meiner Meinung nach aber wesentliches und zukunftsreiches Gebiet ist die Problematik der biologischen Elemente menschlichen Verhaltens. Das Spektrum der Fragen umfaßt u. a. das Verständnis der frühkindlichen Entwicklung, die Erkennung, Beachtung und mögliche Beeinflussung biologischer Rhythmen in unserem Verhalten als Individuum und Gruppe bis zur Frage, inwieweit selbst die sublimiertesten Formen des künstlerischen Schaffens biologische Wurzeln besitzen. Ich vermute, daß sich zukünftig eine stärkere Verbindung von Biologie und Psychologie sowie Soziologie herausbilden wird mit gegenwärtig noch nicht vorhersehbaren Auswirkungen auf Denken, Arbeitsweise und Verhalten der Menschen, die die Produktions- und Konsumsphäre umfassen. Ehe die Zielstellung einer Umgestaltung der Produktion im Sinne ihrer Adaptation an physische und psychische Rhythmen des Menschen gegeben werden kann, müssen erst die dafür relevanten menschlichen Charakteristika erkannt und definiert sein; eine bisher noch ungelöste Aufgabe. Andererseits ist auch die Möglichkeit, die Anpassungs- und Leistungsfähigkeit des Menschen einschließlich der optimalen Nutzung seines Gehirns auszuloten, noch unzureichend erforscht.

Hygiene und Ökologie

Ich möchte an dieser Stelle auf die gesellschaftlichen Auswirkungen von Erkenntnissen der Hygiene eingehen. Sie umfassen einen weiten Bereich einschließlich sauberes Wasser, unverdorbene und schadstoffarme Lebensmittel sowie die effektive hygienisch unbedenkliche Beseitigung von menschlichen, biologischen und industriellen Abprodukten. Dazu gehören reine

Luft und Lärmarmut. Aus diesen Erkenntnissen leitet sich die Forderung ab, sie weltweit durchzusetzen und damit hunderte Millionen Menschen vor Krankheiten und Tod zu bewahren. Sie sind ein Kernstück des Programms der WHO „Gesundheit für alle bis zum Jahr 2000". Es ist eine moralische und politische Kampfaufgabe, Mittel, die weltweit für die Rüstung ausgegeben werden, auf solche Programme umzulenken.

Das Hygiene-Bewußtsein hat unsere Lebensweise in vieler Hinsicht geprägt. Wir begegnen den Auswirkungen in unseren Badezimmern, in der Gestaltung der Küchen mit Kühlschränken und Tiefkühltruhen, im Umfang und Häufigkeit von Waschen und Reinigen, in Lagerung, Transport und Verpackung von Lebensmitteln und vielen anderen Bereichen. Erinnert sei in diesem Zusammenhang auch an die Anforderungen an Staub- und Keimfreiheit für eine Vielzahl moderner Produktionsstätten von biologischen, aber auch nicht-biologischen Produkten. Jedoch müssen wir auch feststellen, daß eine durchgehende optimale Hygiene noch keineswegs durchgesetzt ist. Das gilt selbst für Operationsräume und Krankenhäuser, ganz zu schweigen von Molkereien, Kaufhallen etc.

In mancher Hinsicht verbinden sich hygienisches und ökologisches Bewußtsein zu einem wesentlichen Bestandteil von Lebensweise und -auffassung. Man kann mit Sicherheit voraussagen, daß die Gestaltung des zukünftigen Lebens, Wohnens und Produzierens in noch stärkerem Maße als bisher durch hygienisch-ökologische Gesichtspunkte bestimmt sein wird.

Die letzten Jahre haben uns alle mit dem Begriff Ökologie vertraut gemacht, ein Gebiet, das ursprünglich die Domäne von Spezialisten war, wurde zur Sache aller. Nun überschreitet der ökologische Horizont bei weitem die biologische Spähre, nichtsdestoweniger spielt die Biologie innerhalb des ökologischen Denkens eine Schlüsselrolle. Es geht im Grunde um zweierlei:

Zum einen um die Vermeidung oder zumindest Minimierung des Schadens, der durch menschliche Tätigkeit ensteht, und zum anderen um die Erhaltung der Lebenssphäre des Menschen. Einige Erfahrungen haben gezeigt, daß Störungen des bioökologischen Gleichgewichts durch die drastischen Einwirkungen von Pflanzenschutzmitteln, Monokulturen, Schädlingsbekämpfung oder durch industriell entstehende Abprodukte enstehen können. Ihr Ausmaß wurde nicht vorausgesehen. Ihre Reversibilität ist noch unklar.

Die ungeheuren Fortschritte in der Analytik haben uns die Vielzahl von Schadstoffen erkennen lassen, die aus verschiedensten Quellen entstehen und alle Bereiche der Natur verunreinigen. Das allein hat große Ängste hervorgerufen und das Schadensbewußtsein eminent geschärft. Viel schwieriger ist aber die Frage zu beantworten, welche Bedrohung aus den Meßwerten abzuleiten ist. Auch fehlt es häufig an der Verhältnismäßigkeit der Bewertung verschiedener Faktoren, so werden heute Strahlenbelastungssgrenzen gefordert, die zum Teil unter der natürlichen Strahlenbelastung in vielen Teilen der Welt liegen. Ungeklärt sind die Probleme der Kumulation von Schadstoffen.

Wie immer das auch sei, feststeht, daß das biologische-ökologische Denken zum Bestandteil des gesellschaftlichen Bewußtseins geworden ist und sicherlich in seiner Bedeutung noch wächst. Damit werden wesentliche Orientierungspunkte für die künftige Entwicklung der Menschheit gesetzt. Zur Ökologie im weitesten Sinne gehört die Sicherung der Existenz der Menschheit, solange der Planet Erde es überhaupt zuläßt, auf jeden Fall tausende Generationen. Die unmittelbarste Bedrohung der Menschheit ist aber zweifellos ihre Vernichtung durch Kernwaffen, und es ist das Wissen um die biologischen Folgen des Einsatzes der Kernwaffen, die Festtellung, daß die Menschheit den massenhaften Einsatz von Kernwaffen kaum überleben wird und daß die Medizin gegenüber ihren Wirkungen hilflos ist, Teil des Friedensbewußtseins der Menschheit, das zu einer mächtigen Kraft geworden ist, um die Erde vor dieser letzten Epidemie zu bewahren.

Zu einigen Aufgaben der biomedizinischen Forschung in der DDR

Zum Schluß ist es angebracht, einige Bemerkungen zu der Situation und den Aufgaben der biomedizinischen Forschung in der DDR zu machen: Die Bemühungen in dieser Richtung sind unleugbar. Drei Beschlüsse der Partei- und Staatsführung, welche die Biotechnologie, den Gesundheitszustand der Bevölkerung und die medizinische Forschung betreffen, geben grundlegende Orientierungen. Die rasante internationale Entwicklung ebenso wie eine nüchterne Einschätzung der eigenen Möglichkeiten zwingt zur scharfen Auswahl der bearbeiteten Teilaspekte, und punktuell werden dem Weltstand entsprechende Leistungen erbracht. Wir befinden uns in der Vorbereitung von Forschungsplänen, deren Auswirkungen über die Jahrtausendwende hinausreichen. Die prinzipiell geschaffenen Möglichkeiten des Zusammenwirkens von Akademien, Hochschulen, Industrie und anderen gesellschaftlichen Partnern müssen dabei noch flexibler und wirksamer genutzt werden.

Unsere Forschung muß eine doppelte Aufgabe lösen: zum einen den zweifellos vorhandenen Rückstand der analytischen Möglichkeiten, verglichen mit dem internationalen Niveau, aufzuholen, der die Produktivität unserer wissenschaftlichen Arbeit nachhinken läßt, und zum anderen aber auch neue Wege der integrativen Forschung zu beschreiten. Diese Situation ist eine Herausforderung an unsere Kräfte, sich zu gut überlegten Zielen noch mehr zu vereinen und unserer Verantwortung gerecht zu werden, die Förderung, die wir in noch stärkerem Maße erwarten, optimal zu nutzen. Dabei kann nicht verschwiegen werden, daß moderne Forschung nicht billig zu haben ist. Zu den Hemmnissen in der Versorgung mit Geräten und Forschungsmaterialien kommen noch oft ablenkende staatliche und gesellschaftliche Aufgaben, erheblicher Leerlauf und persönliche Widrigkeiten in den Lebenverhältnissen, die unsere Forschungsintensität erheblich bremsen. Wir müssen auch den Zustand überwinden, daß noch zu wenige Kollektive von brennendem Ehrgeiz erfüllt sind, sich dem internationalen Niveau zu stellen und den Wettlauf um Erstergebnisse zu gewinnen.

Auf einen Aspekt möchte ich besonders eingehen, auf den subjektiven Faktor in der Forschung. Aufgrund meiner langjährigen Erfahrungen fühle ich mich am ehesten zu Aussagen auf diesem Gebiet qualifiziert. Ich bin der Überzeugung, daß letzten Endes die Qualität unseres wissenschaftlichen Nachwuchses die entscheidende Frage für Niveau und Erfolg unserer Forschung in Gegenwart und Zukunft ist. Wir müssen davon ausgehen, daß der wirklich begrenzende Faktor für jeden Staat die Zahl der Begabten ist. Es geht darum, ohne jeden Schematismus oder Zahlenhascherei eine solche Organisation und Atmosphäre zu schaffen, daß jedes Talent aufgefunden wird und ihm die Bedingungen für sein Reifen und Wirken geboten werden. Es gilt, mit Geduld, Verständnis, ja Hingabe, schöpferische Fähigkeiten, wo immer sie auftreten, zu fördern. Diese Aufgabe ist vielschichtig. Sie betrifft nicht nur das Bildungswesen, sondern alle Gesellschaftsbereiche; dabei hat auch die Akademie der Wissenschaften eine wichtige Rolle zu spielen.

Aus diesen Gründen sind weitere Überlegungen und Maßnahmen erforderlich, die Talentsuche und -förderung zu verbessern. Dabei müssen internationale Erfahrungen geprüft ebenso wie ungescheut neue Wege beschritten werden.

Eine essentielle Aufgabe ist es, die wissenschaftliche Demokratie zu erweitern unter bewußter Überschreitung von Leitungsstrukturen.

Weiterhin gilt es, eine Objektivierung der Einschätzung von Ideen und Ergebnissen zu erreichen, für die es durchaus Kriterien gibt, die man nur anwenden müsste. Umgekehrt sollte in jedem Fall an die Anwendungsforschung die Elle des wirtschaftlichen Nutzeffekts angelegt werden.

Bei der Diskussion und Bewertung von Projekten und Ergebnissen sollten die Klassen der Akademie weit stärker als bisher einbezogen werden. Die Würdigung von Wissenschaftern sollte vorrangig in einer ihre Arbeitsfähigkeit fördernden Weise erfolgen. Es ist auch wichtig, die geistige Beweglichkeit des wissenschaftlichen Nachwuchses wesentlich zu erhöhen, d. h. die Fähigkeit, auf unvorhergesehene Wendungen in der eigenen Arbeitsebene sowie auf neue internationale Entwicklungen schnell zu reagieren. Um dieses Ziel zu erreichen, bedarf es sowohl ideeller wie materieller Bedingungen. Zu ihnen gehören u. a. die ständige Bewertung des Forschungstempos, ein schneller Informationsfluß, die Schaffung von materiellen Möglichkeiten des Platz- und Ortswechsels und die verstärkte Beteiligung am internationalen Austausch. Dies alles kann dazu beitragen, die Ultrastabilität in der Zusammensetzung vieler Forschungskollektive mit der damit verknüpften Gefahr von Stagnation und Überalterung zu überwinden.

Eine wesentliche Rolle für die Formierung des wissenschaftlichen Nachwuchses kommt der erkundenden Grundlagenforschung zu. Sie ist eine Sache kleiner Spähtrupps, deren Erfolg von der Phantasie und Originalität der Einzelwissenschaftler abhängen. Sie ist von entscheidender Bedeutung für die Heranbildung des wissenschaftlichen Nachwuchses auf experimentell und theoretisch anspruchsvollen Gebieten. Sie bietet die besten Möglichkeiten für internationale Kooperation und ist geeignet, im besonderen Maße zum internationalen Ansehen der DDR beizutragen.

Eine letzte Bemerkung:

Für die gesellschaftliche Anwendung der Biowissenschaften ist uns eine komplexe Aufgabe auf den Leib geschrieben, nämlich die, alle Aspekte des menschlichen Lebens optimal zu gestalten. Dazu bietet unser Gesundheitswesen eine gute Grundlage durch seinen gesamtstaalichen Charaker, seine allgemeine Zugänglichkeit und die international fast beispiellose Übernahme der Kosten durch die Gesellschaft. Es gilt, uns an die Weltspitze in der Erhaltung und Förderung des Lebens zu setzen. Die noch vorhandenen Rückstände sind meines Erachtens vor allem subjektiven und organisatorischen Faktoren zuzuschreiben. Die von mir genannte Zielstellung beinhaltet den umfassenden Ausbau der Prophylaxe und Hygiene, die optimale Entwicklung von Ernährung und Nahrungsmittelproduktion ebenso wie die klassischen Gebiete der kurativen Medizin. In diesem Rahmen ist auch der Umweltschutz eingeordnet. Die Erreichung dieser Zielsetzung erfordert u. a., noch bestehende Widersprüche zu überwinden. Es handelt sich um eine gesamtgesellschaftliche Aufgabe, an der sich alle Bereiche beteiligen müßten, um das Motto unseres Staates, daß der Mensch im Mittelpunkt aller Überlegungen und Aktivitäten sei, voll zu bewahrheiten.

ISBN 3-05-500 517-1
ISSN 0138-3965

Kolibri 360 GmbH
Ferdinand-Jühlke-Straße 7
99095 Erfurt, Deutschland
produktsicherheit@kolibri360.de